BERICHTE ÜBER DIE VERHANDLUNGEN DER SÄCHSISCHEN
AKADEMIE DER WISSENSCHAFTEN ZU LEIPZIG

Mathematisch-naturwissenschaftliche Klasse

Band 100 · Heft 7

MAX ROBITZSCH †

DIE ERFORSCHUNG DER ATMOSPHÄRE, IHRE METHODIK UND IHRE PROBLEME

1953

AKADEMIE-VERLAG · BERLIN

Vorgetragen in der Sitzung vom 17. November 1951
Manuskript eingeliefert am 8. November 1952
Druckfertig erklärt am 11. Februar 1953

Erschienen im Akademie-Verlag GmbH., Berlin NW 7, Schiffbauerdamm 19
Veröffentlicht unter der Lizenznummer 1217
des Amtes für Literatur und Verlagswesen der Deutschen Demokratischen Republik
Satz und Druck der Buchdruckerei F. Mitzlaff, Rudolstadt/Thür. (1113) V/14/7
Bestell- und Verlagsnummer 2027/100/7
Preis: DM 2,50
Printed in Germany

Wenn man es übernommen hat, im Auftrage einer gelehrten Gesellschaft einen öffentlichen Vortrag aus dem Spezialgebiete seiner Forschung zu halten, dann macht die Wahl des Themas einiges Kopfzerbrechen. Einerseits soll das Thema wissenschaftliche Fragen behandeln, andererseits sollen die Hörer, die selbst verschiedene Interessengebiete haben, nicht unbefriedigt nach Hause gehen.

Ich habe aus diesem Grunde ein ganz allgemein gefaßtes Vortragsthema gewählt und möchte zu Ihnen über die Erforschung der Atmosphäre, ihre Methodik und ihre Probleme sprechen.

Die Atmosphäre hat für uns eine besondere Bedeutung: Zunächst ist sie unser Lebensraum; dann aber gehen in ihr Veränderungen vor, die uns körperlich und psychisch weitgehend beeinflussen und die am kürzesten durch das Wort „Wettergeschehen" bezeichnet werden können. Das Wetter beeinflußt auch unser Innenleben in weitgehendem Maße: Scheint die Sonne, dann dominiert in uns die „weiße Seele", ist der Himmel bewölkt, regnet es und bläst der Wind durch die Straßen, dann hat die „dunkle Seele" in uns die Oberhand. Dieser Zustand unserer Psyche spiegelt sich wider in unserem Tun und Handeln, er beeinflußt unsere Schaffenskraft.

Die primitiven Völker sahen im Wettergeschehen das Walten der Götter. Mag man an unsere direkten Vorfahren denken oder an die Primitiven der Jetztzeit: Die Gottheit straft die Menschen durch Unwetter, sie lohnt sie durch strahlenden Sonnenschein. Fridtjof Nansen hat sich in seinem Buch über das „Eskimoleben" weitgehend mit diesen Zusammenhängen zwischen der Psyche der Eskimos und dem Naturgeschehen beschäftigt. Wir Kulturmenschen tragen diese Wechselbeziehungen nur noch gefühlsmäßig mit uns herum, die Fragestellungen der Primitiven haben bei uns einen anderen Charakter angenommen: Wir erforschen die Vergangenheit und suchen durch die Erkenntnisse unserer Forschung dem Wirken der Natur näher zu kommen.

Betrachten wir diese Bestrebungen historisch, dann muß man zugeben, daß wahre Erkenntnisse über das atmosphärische Geschehen erst neueren Datums sind. Im Mittelalter registrierte man den Witterungsverlauf rein kalendermäßig. Man suchte nach Wetterrhythmen, die man mit den Rhythmen im Laufe der Planeten in Verbindung brachte. Man führte ein astrologisches Moment in die Betrachtungsweise ein, wie es der allgemeinen Anschauung jener Zeit entsprach. Ich erinnere hier an den „berühmten" hundertjährigen Kalender, ein Machwerk, das bekanntlich mehr Auflagen erlebte als das Buch der Bücher, die Bibel. Die letzte ernst zu nehmende Epoche der astrometeorologischen Forschung liegt jetzt etwa ein Jahrhundert hinter uns: Der Berliner Rechnungsrat Schneider war auf solche Probleme versessen; seine ganze Freizeit widmete er dieser seiner Forschung, und als er das Glück hatte, beim Lotteriespiel das große Los zu ziehen, gründete er in der Potsdamer Straße ein astrometeorologisches Institut, in dem er zahlreiche Mitarbeiter beschäftigte, immer bemüht, seinem Problem auf den Grund zu gehen. Seine Geldmittel schwanden dahin. Er hatte zwar das besondere Glück, zum zweiten Male einen Höchstgewinn im Lotteriespiel zu erzielen, doch war seine Schaffenskraft durch sein hohes Alter geschwunden. In seinem Testament vermachte er Geld und Institut der Preußischen Akademie der Wissenschaften, allerdings unter der Bedingung, daß die Forschungen im Sinne seiner Bestrebungen fortgeführt wurden. Dieses Vermächtnis wurde zwar ausgeschlagen, doch beherbergte das Institutsgebäude für längere Zeit die Berliner Hochschule für Musik. Die von Schneider gesuchten Rhythmen im atmosphärischen Geschehen verwandelten sich in Rhythmen der Tonfolge. Wissenschaftlich hatte Schneider trotzdem einen gewissen Erfolg: Wir verdanken ihm die Sammlung und Bearbeitung der langjährigen Wetterbeobachtungen in Berlin, Beobachtungen, die seit etwa 1750 von den Angehörigen einer Familie, der Familie Kirch, drei Generationen hindurch mit bemerkenswerter Konsequenz gesammelt wurden.

Eine wissenschaftliche Erforschung der Atmosphäre begann mit der Erfindung des Barometers. Man konnte den Luftdruck messen und beobachtete die Schwankungen dieser Größe. Es ist überaus interessant, sich bei alten Autoren Informationen über die „Geschichte der Barometrie" zu holen. Ich besitze ein Buch von Friedrich Murhard aus dem Jahre 1799 „Die wichtigsten Lehren der Physik, historisch bearbeitet", das eine Fundgrube für die Forschung auf dem Gebiete der Barometrie darstellt. Man wundert sich über die Fülle von Gedanken, die man sich im Laufe der Zeit über den Luftdruck und seine Veränderungen machte. Neben reiner Spekulation findet man hier bereits eine weitgehende theoretische Behandlung der Probleme. Erst Halley, der bekannte Astronom, dessen Name an den berühmten Kometen geknüpft ist, fand die Formel, durch die die Abnahme des Luftdruckes mit der Höhe dargestellt wird. Diese Formel muß uns hier etwas näher beschäftigen. Zur Beruhigung meiner Hörer möchte ich aber bemerken, daß die Barometerformel die einzige ist, die meine heutigen Darstellungen beschweren soll. Wir brauchen sie, um uns ein Bild von der Massenverteilung und der Zusammensetzung der Atmosphäre in der Höhe zu verschaffen. Die Halleysche Formel lautet:

$$H = \text{Const } (1 + \alpha\, t) \log \frac{p_0}{p_H}$$

Die Höhe H ist gegeben durch eine Konstante, deren Größe sich mit der Temperatur t ändert und die mit dem Logarithmus des Verhältnisses zwischen Bodendruck und Druck in der Höhe H multipliziert erscheint.

Da die über dem Beobachter liegende Luftmasse dem von ihm beobachteten Luftdruck proportional ist, stellt das Verhältnis

$p_0 : p_H$ auch das Verhältnis der Massen direkt dar. Die Formel gestattet uns also, ein Bild über die Massenverteilung in der Atmosphäre zu entwerfen. Nehmen wir eine isotherme Atmosphäre von Null Grad an, vernachlässigen wir also die Temperaturverteilung in ihr, so finden wir das folgende Rechenresultat: In einer Höhe von

H = 5600	11 000	16 600	22 100	27 600	Metern liegt
$^1/_2$	$^3/_4$	$^7/_8$	$^{15}/_{16}$	$^{31}/_{32}$	der Atmo-

sphärenluft unter uns.

Man sieht also, daß massenmäßig betrachtet die unteren Schichten der Atmosphäre bevorzugt sind. Das deutet aber darauf hin, daß auch das Wettergeschehen sich vorzugsweise auf die unteren Schichten der Atmosphäre beschränkt. Wir wissen heute, daß sich das Wetter in der sogenannten Troposphäre abspielt, deren Obergrenze in unseren Breiten etwa in 11 km Höhe liegt: die Troposphäre umfaßt also etwa $^3/_4$ der gesamten atmosphärischen Luft.

Man hat nun versucht, die barometrische Formel anzuwenden, um auf rein rechnerischem Wege einen Aufschluß über die Zusammensetzung der Atmosphäre in ihren höheren Schichten zu erhalten. Ich will diesen Versuch ausführlicher besprechen, zeigt er doch, daß jede theoretische Spekulation nur zu Endresultaten führt, die bereits durch die Grundannahmen gegeben sind. So plausibel diese auch sein mögen, die Resultate der Rechnung brauchen in der Natur keineswegs realisiert zu erscheinen.

Es existiert ein Gesetz, das zum ersten Male von Dalton ausgesprochen wurde und dessen Inhalt sich mit einfachen Worten in folgender Form ausdrücken läßt: In einem Gasgemisch sind die Teildrucke, die den einzelnen Komponenten des Gasgemisches zukommen, unabhängig von der Anwesenheit der anderen Gase. Wir können also für jedes Gas, das in der Atmosphäre vorhanden ist, annehmen, daß es eine Eigenatmosphäre bildet, die an sich der Halleyschen Formel Genüge leistet. Wenden wir diese

Erkenntnis für die einzelnen Gase, die Bestandteile der atmosphärischen Luft sind, an, so sind wir in der Lage, rein rechnerisch die Zusammensetzung der Atmosphäre in den verschiedenen Höhen zu bestimmen. Wir müssen für diese Rechnungen nur die Partialdrucke kennen, die die einzelnen Komponenten der atmosphärischen Luft am Boden des Luftmeeres besitzen. Diese sind aber durch Analyse der Bodenluft bekannt.

Partialdrucke der Gaskomponenten der Luft am Boden

Wasserstoff	Helium	Stickstoff	Sauerstoff	Argon
0,008	0,001	593,41	159,22	7,144 mm Hg

Die Rechnung führt zu folgenden Resultaten über die Zusammensetzung der Atmosphäre in Volumprozenten in den verschiedenen Höhen:

Höhe in km	Wasserstoff	Helium	Stickstoff	Sauerstoff	Argon
0	--		78.2	20.9	0.9
20	--	--	85	15	--
40	1	--	89	10	--
60	16	1	77	6	--
80	74	4	21	1	
100	95	4	1	--	--
120	97	3	--	--	--
140	98	2		--	--

Die Betrachtung setzt voraus, daß sich die Gase in allen Höhen im sogenannten Diffusionsgleichgewicht befinden, daß also eine Vermischung durch Massentransporte und Vertikalbewegungen nicht vorhanden ist. Das glaubte man für Höhen über 10 km wohl annehmen zu dürfen. Rechnungen dieser Art wurden von namhaften Meteorologen öfter durchgeführt und wiederholt; änderten sich doch mit dem Fortschritt unserer Erkenntnis die Angaben über die Zusammensetzung der Atmosphäre am Boden und damit die Daten über die Partialdrucke der Gaskomponenten häufiger.

Prinzipiell blieb aber das Endresultat bestehen, daß die Atmosphäre in den unteren Schichten vornehmlich aus Stickstoff und Sauerstoff besteht, daß sie dagegen in den höheren Schichten ein Gemisch aus den leichteren Gasen Wasserstoff und Helium darstellt. In einer Höhe von etwa 80 km ändert sich die Zusammensetzung fast sprunghaft. Wir haben in dieser Höhe eine fundamentale Schichtgrenze anzunehmen, charakterisiert durch den Aufbau der Atmosphäre im Hinblick auf ihre Zusammensetzung.

Es fragt sich, ob sich diese Schicht auch auf eine andere Weise nachweisen läßt. Der Rechnungsgang in unseren Überlegungen könnte ja Fehlannahmen enthalten, durch die das Rechenresultat illusorisch würde.

Im Jahre 1883 fand im ostindischen Archipel eine große Vulkankatastrophe statt. Die Insel Krakatau flog damals im wahren Sinne des Wortes in die Luft. Die Auswirkungen dieser Katastrophe machten sich auf der ganzen Erde bemerkbar. Große Staub- und Wasserdampfmengen wurden in unsere Atmosphäre hineingeschleudert, sie wurden in ihr verfrachtet und gaben zu anomalen Dämmerungserscheinungen Anlaß. Damals traten Wolken auf, die in großen Höhen beobachtet werden konnten und die in den Sommernächten wegen ihrer hohen Atmosphärenlage noch von der Sonne bestrahlt wurden. Diese sogenannten „leuchtenden Nachtwolken" wurden speziell in Deutschland untersucht und vermessen. Sie schwebten in Höhen von etwa 80 km, hatten sich also dort gebildet und ausgebreitet, wo die Stickstoffatmosphäre in die Wasserstoffatmosphäre übergeht.

Wenn man an einem klaren Sommerabend nach Sonnenuntergang den Himmel beobachtet, dann fällt einem ein helles Himmelssegment auf, das sich in relativ scharfer Begrenzung gegen den dunklen Nachthimmel abhebt. Während der Teil der Atmosphäre, der uns dunkel erscheint, sich im Schatten der Erde befindet, wird im hellen Himmelssegment uns noch direktes Sonnenlicht zugesandt, das dem Teile der Atmosphäre entstammt, den die Sonnenstrahlen noch durchleuchten. Das helle Segment wandert mit der Sonne und verschwindet erst, wenn die Sonne etwa 18 Grad unter dem Horizont des Beobachters steht. Man ist in der Lage zu berechnen, bis in welche Höhen die Atmosphäre noch eine genügende Reflexionskraft besitzt, um die scharfe Begrenzung des hellen Segmentes herbeizuführen. Die Rechnung führt zu Höhen von etwa 80 km.

Wer Gelegenheit gehabt hat, aus nächster Nähe große Polarlichterscheinungen zu beobachten und gleichzeitig die Höhe dieser Lichter bestimmen konnte, der findet, daß der untere Rand der sogenannten Polarlichtdraperien, an dem diese Erscheinungen am lichtstärksten sind, vornehmlich in einer Höhe von rund 80 km liegt. Die Draperiestrahlen, die in Richtung der magnetischen Kraftlinien des Erdfeldes in die Atmosphäre eindringen, enden dort, wo die Zusammensetzung der Atmosphäre sich fast sprunghaft ändert.

Diese auf rein rechnerischem Wege gefundenen Angaben, die zudem noch auf indirektem Wege beobachtungsmäßig bestätigt zu sein scheinen, stellten jahrzehntelang eine gesicherte Erkenntnis dar. Erst neuere Untersuchungen haben gezeigt, daß die Grundannahmen aller dieser Rechnungen nicht erfüllt sind: Die Gase in der Atmosphäre befinden sich keineswegs im Diffusionsgleichgewicht, es findet in allen Schichten unseres Luftmeeres ein molarer Austausch statt, der die Gase durcheinandermengt. Das Daltonsche Gesetz darf also keine Anwendung finden. Davon werden wir später hören.

Den praktischen Meteorologen befriedigen solche theoretischen Spekulationen in keiner Weise. Er muß messend an die Probleme herantreten. Die auf Messungen beruhende Wissenschaft von der Atmosphäre ist nun eine sehr junge Wissenschaft. Ihre Entwicklung begann etwa vor Jahrhundertfrist.

Im Jahre 1783 wurden die Montgolfièren erfunden. Ihnen folgten bald die Wasserstoffballone von Charles. Es ist nicht verwunderlich, daß die Physiker jener Zeit gelegentlich ihrer

Luftfahrten auch Messungen des Luftdruckes und der Lufttemperatur durchgeführt haben. Da die Messungen aber mit unzureichenden instrumentellen Mitteln erfolgten, wurde unsere Kenntnis von den atmosphärischen Zuständen durch sie wenig gefördert. Erst vor 100 Jahren ging der Engländer Glaisher systematisch an solche Messungen heran. Die Ergebnisse seiner wissenschaftlichen Luftfahrten, deren Material er ausführlich bearbeitete und in den Berichten der Edinburger Akademie herausgab, haben mehrere Jahrzehnte hindurch die Grundlage für praktische und theoretische Spekulationen gegeben. Die Gesetzmäßigkeiten, die sich aus diesen Bearbeitungen ergaben, haben aber der kritischen Betrachtung nicht standgehalten, so verblüffend sie ihrer Form nach auch waren.

Die Gründung von meteorologischen Bodenstationen, die Beschaffung von geeignetem Instrumentarium für Beobachtungszwecke hatte zur Folge, daß man sich mit den physikalischen Eigenschaften der Geräte eingehend beschäftigen mußte. Die kritische Untersuchung der Beobachtungsfehler zeigte, daß sich schon in Bodennähe die Beobachtungstechnik überaus schwierig gestaltet. Um wieviel mehr mußten sich diese Schwierigkeiten bei Ballonfahrten im engen Ballonkorb auswirken!

So verloren die Glaisherschen Beobachtungen in den Augen der Fachgenossen immer mehr an Wert. Für die wissenschaftliche Luftfahrt mußten erst die geeigneten Beobachtungsgeräte geschaffen werden, bevor man überhaupt von einer Atmosphärenforschung sprechen konnte.

Es war vornehmlich Richard Aßmann, den dieses Problem gefangen nahm. In den 90er Jahren des vorigen Jahrhunderts war die Gelegenheit zur wissenschaftlichen Ballonfahrt eine äußerst günstige. In Berlin war das Luftschifferbataillon entstanden, dessen Offiziere die Verpflichtung hatten, Ballonfahrten durchzuführen. Die Wissenschaft verlangte Beobachtungen aus der freien Atmosphäre. Es ist also nicht verwunderlich, daß beide Interessenten zueinander fanden, zumal von hoher Stelle aus diese Bestrebungen Unterstützung fanden.

Aßmann und v. Sigsfeld bauten das Aspirationspsychrometer, mit dem man einwandfreie Temperatur- und Feuchtigkeitsmessungen auch im Ballonkorbe zu gewinnen in der Lage war. Es begann die erste Epoche der atmosphärischen Höhenforschung, die Epoche der „Berliner wissenschaftlichen Ballonfahrten". Der überaus große Eifer der Wissenschaftler — ich erinnere hier an die Hochfahrt von Süring und Berson, denen es gelang, die Höhe von 10 800 m zu erreichen — sowie die Unterstützung von zahlreichen Mitarbeitern förderte die Arbeit und es gelang, in zahlreichen Fahrten ein Material zusammenzubringen, das in den Jahren 1899—1900 in drei dickleibigen Bänden zusammengestellt und bearbeitet wurde.

In dieser Zeit entstand für die Wissenschaft von der Atmosphäre der Name „Aerologie".

Wesentlich für die Zukunft dieser Wissenschaft war die Tatsache, daß der Altmeister der theoretischen Meteorologie, v. Bezold, bei der Bearbeitung der Ballonmessungen erstmalig in großem Umfange die Prinzipien der Thermodynamik zur Interpretation der Meßresultate heranzog. Seine Aufsätze über die „Thermodynamik der Atmosphäre" sind auch heute noch richtungweisend.

Die Ballonfahrten waren aber Terminfahrten. Sie fanden unabhängig von der Witterungsgestaltung zu vorher festgelegten Zeiten statt. Daher waren sie nicht gerade geeignet, die Zustandsänderungen in der Atmosphäre im Verlauf eines bestimmten Wettervorganges zu verfolgen.

Schon um die Jahrhundertwende hatte man in Amerika versucht, den Fesselballon und den Drachen für aerologische Versuche als Hebemittel für selbstschreibende Geräte, sogenannte Meteorographen, zu verwenden.

Man übernahm auch in Berlin diese Methode und Aßmann gründete 1899 in Tegel bei Berlin ein „Aerologisches Observatorium". Er übernahm für seine Versuche den Meteorographen des amerikanischen Ingenieurs Marvin. Fast gleichzeitig erbaute ein reicher Privatmann in Frankreich, der Meteorologe

Teisserenc de Bort, sein Observatorium in Trappes. Köppen gründete die Hamburger Drachenwarte. Auch bei Petersburg (Leningrad) entstand ein solches Institut. Von der Notwendigkeit aerologischer Experimente auf breiter Basis überzeugt, taten sich Fachgenossen des In- und Auslandes zusammen. Es entstand eine wissenschaftliche Kommission auf internationaler Grundlage, deren Präsident Hergesell wurde und die auf Grund gleichzeitiger Aufstiege eine systematische Untersuchung größerer Atmosphärengebiete bezweckte. Die aerologische Forschung fand Eingang in fast allen Kulturländern.

Die Höhen, die man mit Fesselballon und Drachen erreichen konnte, waren aber nur beschränkt. Die Aufstiegstechnik war sehr kompliziert, da man Gespanne von Ballonen und Drachen benutzen mußte, wenn man größere Höhen erreichen wollte. Es stellte sich speziell in Tegel heraus, daß die Lage dieses Instituts wegen der Nähe der Großstadt unvorteilhaft war. Es wurde 1905 nach Lindenberg in der Mark verlegt, wo sich aus ihm ein Weltinstitut der aerologischen Forschung entwickelte, das internationalen Ruf besaß und an dem sich die Aerologen aus allen Ländern der Welt ihre Ausbildung holten. Ich selbst habe an diesem Institut nahezu ein Vierteljahrhundert gewirkt und war vor meiner Berufung nach Leipzig dort Direktor.

Einige Lichtbilder mögen Ihnen die Forschungsmittel vor Augen führen, die man heute dort braucht. Zwar liegt der Betrieb zur Zeit noch still, weil es noch nicht gelungen ist, nach dem Kriege ein Flugsperrgebiet für das Observatorium bewilligt zu bekommen, eine Maßnahme, die notwendig ist, wenn durch die Fesselaufstiege der Flugbetrieb nicht gefährdet werden soll. Über dieses Sperrgebiet wird zur Zeit noch verhandelt.

Sie werden mich nun fragen, was bei allen diesen oft recht langwierigen Versuchen herausgekommen ist. Ich müßte Ihre Geduld recht in Anspruch nehmen, wollte ich auch nur die Probleme aufzählen, die durch die aerologische Forschung ihre vorläufige oder wohl auch definitive Klärung gefunden haben.

Abb. 1. Windenhaus des Aerologischen Observatoriums Lindenberg

Abb. 2. Fesselballonaufstieg

Abb. 3. Reguliérdrachen

Abb. 4. Meteorograph

Ich werde mich deshalb auf einige Kardinalprobleme beschränken müssen, die ich hier kurz besprechen möchte.

Die Temperatur nimmt, wie wir alle wissen, mit zunehmender Höhe ab. Diese Abnahme ist aber nicht immer die gleiche, sie ist wetterlagenbedingt. In der Erkenntnis dieser Bedingtheit liegt der große Vorteil, den die aerologischen Messungen dem praktischen Meteorologen, der sich mit der Wetterprognose abgibt, bietet. Uns soll hier nur die mittlere Temperaturabnahme mit der Höhe interessieren, die wir aus dem nächsten Schaubild entnehmen können.

Wir sehen, daß die Temperaturabnahme in den unteren Schichten der Atmosphäre im Mittel geringer ist als oben. Die Temperaturzustandskurve zeigt in etwa 4000 m Höhe einen Knick. Etwa von 11 000 m Höhe an nimmt die Temperatur überhaupt nicht mehr ab, sie bleibt nahe konstant.

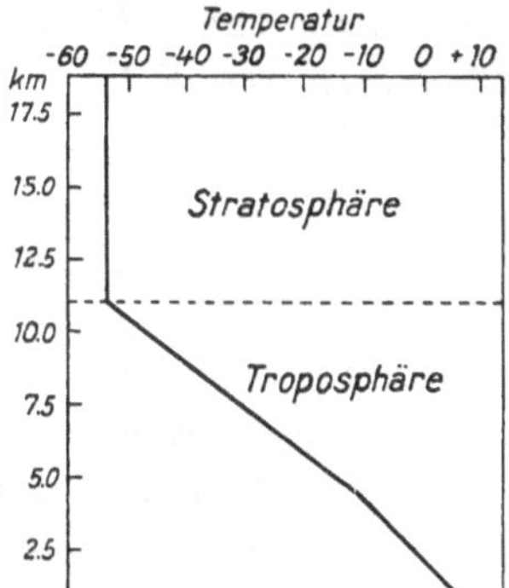

Abb. 5. Vertikale Temperaturabnahme in der Atmosphäre

Die Klärung dieses Verhaltens ist aus der Temperaturverteilung allein nicht zu geben. Es ist der in der Atmosphäre vorhandene Wasserdampf, der an diesem Verhalten schuld ist.

Am Boden verdampft unter der Wirkung der Sonnenstrahlung das Wasser. Sie wissen alle, daß Wasser, das Sie in einem Topf auf den Herd stellen, sich bis zum Sieden erwärmt. Ein eingehängtes Thermometer kann Ihnen das jederzeit beweisen. Hat das Wasser aber seinen Siedepunkt erreicht, dann bleibt die Temperatur konstant, obwohl von der Flamme des Herdes weiterhin Wärme zugeführt wird. Wo bleibt diese Wärme? Sie dient dazu, die Flüssigkeitsteilchen aus dem Verband der Flüssigkeit auszustoßen, die gegenseitigen Anziehungskräfte, die im Zustande der Flüssigkeit bestehen, zu überwinden, die

Flüssigkeit in Wasserdampf gleicher Temperatur zu verwandeln. Der Wasserdampf enthält also mehr Wärmeenergie als die gleiche Menge Wasser. Diese Wärmeenergie ist aber nicht fühlbar, mit dem Thermometer nicht nachzuweisen, sondern sie lebt versteckt, wie man sagt: „latent“, in dem Wasserdampf. Kondensiert der Wasserdampf wieder, dann wird diese latente Wärme frei. Wenn in Ihrem Badezimmer die Wände beschlagen, dann wird die Kondensationswärme des Wasserdampfes der Luft im Raume, jedenfalls teilweise, mitgeteilt, sie erscheint Ihnen fühlbar wärmer. Genau dasselbe ist in der Atmosphäre der Fall.

Steigt Luft, weil sie wärmer und damit leichter ist als die Luft der Umgebung, in den Bodenschichten der Atmosphäre auf, dann gelangt sie in Schichten geringeren Luftdruckes. Sie muß sich ausdehnen und leistet hierbei eine Ausdehnungsarbeit. Da ihr Energiequellen von außen nicht zur Verfügung stehen, muß sie diese Arbeit auf Kosten des eigenen Energieinhaltes leisten. Ein Maß dieses Energieinhaltes ist durch die Eigentemperatur der Luft gegeben. Die Luft wird sich also abkühlen, und zwar, wie die Rechnung ergibt, um etwa 1 Grad Celsius für 100 m Höhenänderung.

Ist die Luft nun aber feucht, dann gelten etwas modifizierte Gesetze. Wir wissen, daß die Luft um so mehr Wasserdampf aufnehmen kann, je wärmer sie ist. Man kann also Feuchtluft nicht beliebig abkühlen, wenn sie ihren Wasserdampfgehalt beibehalten soll. Bei einer gewissen Temperatur, der sogenannten Taupunktstemperatur, wird die Luft mit Wasserdampf gesättigt sein. Wird der Taupunkt unterschritten, dann muß der jetzt überschüssige Wasserdampf kondensieren. Bei der Kondensation wird latente Wärme frei, die sich der Luft mitteilt, sie erwärmt. Deshalb wird feucht aufsteigende Luft eine geringere Abkühlung zeigen müssen als trocken aufsteigende. Der Wasserdampf, der sich in Bodennähe in der Atmosphäre häuft, in Schichten, in denen Kondensationsvorgänge aus diesem Grunde vornehmlich vorkommen, ist also schuld daran, daß die Temperaturabnahme in diesen Schichten eine geringere ist als oben, wo der Einfluß des Wasserdampfes nur weniger in Erscheinung tritt.

Der Wasserdampf spielt im atmosphärischen Geschehen überhaupt eine Sonderrolle.

Wenn man die Halleysche Formel im Hinblick auf die Wasserdampfverteilung mit der Höhe auswertet, dann kommt man theoretisch zu Werten, die mit den Messungen in keinerlei Übereinstimmung stehen. Dies mögen die folgenden Daten zeigen:

Wasserdampfatmosphäre

Dampfmenge	1	$^1/_2$	$^1/_4$	$^1/_8$	
Höhe . . .	0	9000	18 000	36 000	m nach der Theorie
Höhe . . .	0	1600	3 100	4 600	m nach den Messungen

Zur Erklärung dieses Verhaltens führen wir folgendes an:

1. Der Wasserdampf stammt von der Erdoberfläche und wird in der Luft durch Vertikalbewegungen verfrachtet. Diese reichen im Mittel bis etwa 4000 m Höhe.
2. Wir haben es mit einem Dampf zu tun, der nahe dem Kondensationspunkt steht. Beim Aufsteigen der Luft kondensiert er und fällt teilweise als Niederschlag zur Erde herab. Er gelangt also nicht in höhere Luftschichten.

Der Wasserdampf bleibt also erdgebunden, deshalb entspricht auch seine Verteilung in der Atmosphäre nicht der Theorie.

Niederschlag und Wolkenbildung sind daher vorzugsweise eine Eigenheit der bodennahen Luftschichten. Diese sind die Hauptzone alles Wettergeschehens. Das besagt nun nicht, daß die höheren Atmosphärenschichten wetterunwirksam sind. Dort geschieht im Gegenteil die Feinarbeit des Wettergottes. Dort entstehen bei tiefen Temperaturen die feinen Eiskristalle, die in überaus langsamem Fall zur Erde streben und die dann in den unteren wasserhaltigen Schichten als Wachstumskerne für Schnee und Regen dienen, je nachdem sie dort Temperaturen antreffen, die unter oder über dem Gefrierpunkt liegen.

Wir haben Fesselaufstiege bis zu etwa 9000 m Höhe emporgetrieben. Unsere Neugier drängte uns aber in noch höhere Schichten.

Da war es zunächst wieder der Franzose Teisserenc de Bort, der versuchte, seine Registriergeräte höher zu treiben. Er verwandte freifliegende kleine Seidenballone, sogenannte ballons sondes oder ballons perdus, die leichte Meteorographen trugen. Er erreichte Höhen von etwa 15 000 m. Die Aufzeichnungen der Meteorographen zeigten in etwa 10 000 m Höhe einen eigentümlichen Temperaturgang: die Temperatur nahm nicht mehr ab, ja, sie nahm sogar mit der Höhe um einiges zu. Die Seidenballone müssen aber, wenn sie ihren Prallzustand erreicht haben, zu schwimmen beginnen. Es fehlt dann die Vertikalbewegung des Ballons. Da Ballon und Meteorograph dann mit dem Winde fliegen, befindet sich das Thermometer in absolut ruhender Luft. Die Sonnenstrahlung, der es jetzt voll ausgesetzt ist, kann ungehindert auf das Meßgerät einwirken, die Thermometerangaben werden gefälscht, meist zu hoch erscheinen. Das Temperaturverhalten in der „oberen Inversion", die Teisserenc de Bort entdeckte, ließ sich also auch durch rein meßtechnische Überlegungen erklären. Für die Realität sprach nur die Tatsache, daß sie sich auch während der Nachtstunden, in denen die Sonnenstrahlung nicht zu wirken vermag, nachweisen ließ.

Da kam Aßmann auf die Idee, für solche Versuche Gummiballone zu verwenden. Der Gummiballon kann sich dehnen, er wird nicht schwimmen, er wird steigen, bis er platzt. So wird der Meteorograph bis zur Platzhöhe ventiliert; die Temperaturen, die er angibt, besitzen Realität.

Aßmann wies die Realität der „oberen Inversion" nach; man fand auch, daß die Luftschichten, die der „oberen Inversion" angehörten, eine verminderte Vertikalbewegung zeigen, daß in ihnen die Horizontalbewegung dominiert. Die unteren Schichten, bis etwa 10 000 m Höhe hinaufreichend, in denen sich starke Vertikalströmungen nachweisen ließen, bezeichnete man mit dem Sammelnamen „Troposphäre", jene darüberliegenden

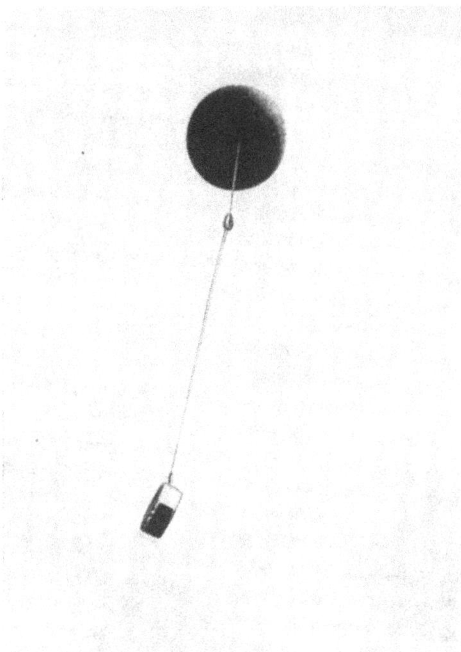

Abb. 6. Gummiballon mit Fallschirm und Meteorograph

Schichten verminderter Vertikalbewegung, die der „oberen Inversion“ angehören, nannte man die Schichten der „Stratosphäre“.

Um Ihnen die Technik solcher Aufstiege vor Augen zu führen, zeige ich hier einige Lichtbilder, die am Observatorium Lindenberg aufgenommen wurden.

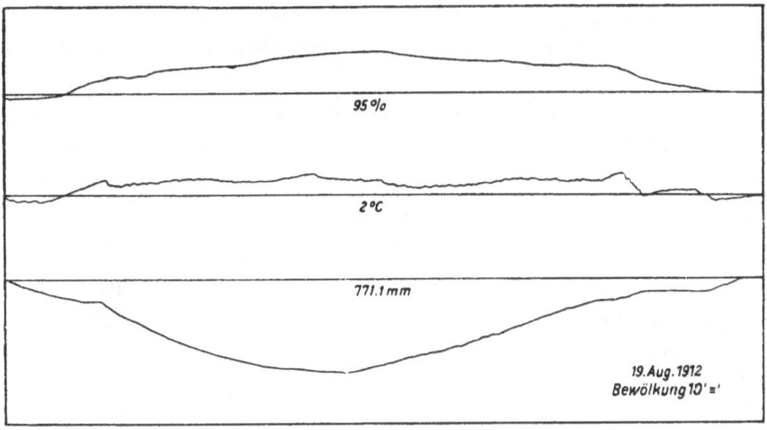

Abb. 7. Meteorographenregistrierung

Man hat sich natürlich Gedanken darüber gemacht, wie die obere isotherme Schicht zustande kommt. Die plausibelste Erklärung gab Professor Emden in München: Die Atmosphärenschichten dort oben befinden sich in einem Strahlungsgleichgewicht. Die wasserdampfhaltige Luft absorbiert einen Teil der Sonnenstrahlung, strahlt aber in gleichem Tempo eine äquivalente Energiemenge wieder aus, so daß sich die Temperatur dieser Schichten, die nur einen relativ geringen Wasserdampfgehalt besitzen dürfen, um diese Bedingungen zu erfüllen, nicht wesentlich ändert. Der Wasserdampfgehalt bestimmt somit in der Hauptsache die Höhe der isothermen Schicht. Daß, wie bereits erwähnt, die Luftmassen der Stratosphäre einen eigenen Strömungscharakter besitzen, zeigten Höhenwindmessungen.

Angaben über Höhenströmungen gewinnt man dadurch, daß man kleinere Gummiballone frei fliegend aufsteigen läßt, sie mit geeigneten Meßgeräten, sogenannten Ballontheodoliten, optisch anpeilt und aus Höhen- und Richtungswinkel den Verlauf der Pilotbahn berechnet. Aus ihr entnimmt man direkt die Richtung und die Geschwindigkeit der Höhenströmungen. Neuerdings benutzt man für solche Messungen auch Funkpeiler, die es gestatten, auch bei dichtbewölktem Himmel, bei dem ein optischer Anschnitt versagt, Höhenwindmessungen durchzuführen.

Die Meteorographenregistrierungen zeigen, daß der Temperaturverlauf in der Stratosphäre durchaus kein gleichmäßiger ist. Die Temperatur zeigt eine ausgeprägte Schichtung dieser Luftmassen an. Die Luft lagert dort in Schichten übereinander, die ihren eigenen Strömungssinn besitzen, gewissermaßen übereinander vorbeigleiten. Man spricht von einer blättrigen Struktur der Atmosphäre. Daß sich in einem solchen Gebilde Vertikalströme in ausgeprägtem Maße nicht ausbilden können, ist leicht einzusehen. In den einzelnen Schichten sind sie zwar vorhanden; das läßt sich durch sogenannte Luftseismometer nachweisen. Dies sind Spezialgeräte, in denen eine kleine Metallmasse an einer Feder aufgehängt ist. Vertikalströme versetzen diese Metallmasse in Schwingungen, die durch den Apparat dann aufgeschrieben werden. Es zeigt sich, daß jede Schicht der Stratosphäre auch in dieser Hinsicht ihren eigenen Charakter zeigt.

Seit etwa 30 Jahren hat man auch das Flugzeug in den Dienst der aerologischen Forschung gestellt. Es gibt heute eine große Zahl von Wetterflugstellen, die zu gewissen Terminen, die international vereinbart sind, bei jedem Wetter Meßaufstiege durchführen. Meßtechnisch bietet diese Methode ihre eigenen Probleme. Sie hat aber den Vorteil, daß mit den Meteorographenaufzeichnungen die Augenbeobachtungen des Meteorologen direkt gekoppelt erscheinen, was bei den Fesselaufstiegsmethoden nicht der Fall ist. Man kann mit dem Flugzeug auch solche

Stellen der Atmosphäre aufsuchen, deren Ausmessung wichtig erscheint.

Die überaus weit entwickelte Radiotechnik hat es ermöglicht, Geräte zu konstruieren, die die Angaben eines Meteorographen auf dem Funkwege automatisch melden. Man startet heute solche Geräte mit Aßmannschen Gummiballonen, empfängt die Zeichen, die ein kleiner in sie eingebauter Sender gibt, am Boden und ist so in der Lage, die Zustandskurven der Temperatur, des Luftdruckes und der Feuchtigkeit aus diesen Meldungen zu konstruieren. Solche „Radiosonden“ steigen heute zu festgelegten Terminen an vielen Punkten der Erde auf; jedes Kulturland besitzt einen eigenen „Radiosondendienst“. Auch über dem Ozean starten Wetterschiffe, die ständig an Festpunkten die Atmosphäre überwachen, solche Meßgeräte. Im Mittel erhalten wir diese Messungen bis zu Höhen von 20—25 km von einem Netz, das fast die ganze Erde umspannt. Die Meßresultate, die zwar aus technischen Gründen nicht sehr genau sind, geben einen Einblick in den Zustand der Gesamtatmosphäre und gestatten aus diesem einen Rückschluß auf dessen Veränderungen, Kenntnisse, die dazu dienen, die Wetterveränderungen vorher zu erkennen.

Für eine feinere wissenschaftliche Analyse sind die Angaben der Radiosondengeräte zu ungenau und unsicher. Diese Methode ist zur Zeit durchaus noch eine Behelfsmethode, die für den täglichen Wetterdienst genügt, die aber die Belange der wissenschaftlichen Aerologie in keiner Weise befriedigt.

Es würde zu weit führen, an dieser Stelle alle Erkenntnisse über die Atmosphäre, die die Aerologie uns bisher übermittelt hat, auch nur aufzuzählen. Ich möchte mich deshalb auf die Demonstration von Darstellungen beschränken, die allgemeines Interesse besitzen.

Da wird zunächst gefragt, wie sich die Temperatur und Feuchtigkeit über einem gegebenen Beobachtungsorte im Laufe des Jahres ändern. Darstellungen dieser Art sind sehr instruktiv.

zumal wenn man sie von Orten vergleicht, die verschiedenen Klimagebieten angehören.

Ich zeige Ihnen hier sogenannte Isoplethendarstellungen der Temperatur und der Feuchtigkeit von Lindenberg und Ebeltofthafen. Die letztgenannte Station liegt auf Spitzbergen; ich habe selbst dort mit Kurt Wegener überwintert und habe in 18monatiger Arbeit durch Fesselaufstiege die grundlegenden Daten gesammelt. Einige Bilder von dieser Station mögen Ihnen nicht nur die Schwierigkeiten einer solchen polaren Arbeit vor Augen führen, sie mögen Ihnen auch gleichzeitig zeigen, mit welch primitiven Mitteln man dort zu arbeiten gezwungen ist. Mit welchem Komfort Lindenberg ausgestattet ist, habe ich Ihnen ja bereits gezeigt.

Die Isoplethen sind Kurven gleichen Nennwertes, z. B. der Temperatur, die in ein Netz eingetragen sind, das einerseits die Höhe, andererseits die Jahreszeit enthält. Vergleicht man mit den Temperaturisoplethen die der Feuchtigkeit, dann erkennt man, daß beide Elemente nicht unabhängig voneinander sind und daß sie ein Gesetz miteinander verkoppelt: Der Absolutwert der Feuchtigkeit hängt von der Temperatur selbst, die Feuchtigkeitsabnahme mit der Höhe von der Abnahme der Temperatur mit der Höhe ab. Während in unseren Breiten auch im Winter die Sonne noch strahlt und der Umsatz der Sonnenstrahlung in Wärme auch im Winter in den atmosphärischen Temperaturen noch in Erscheinung tritt, herrscht in der Arktis eine Polarnacht, in der die Strahlung der Sonne fortfällt. Temperatur und Feuchtigkeit sind somit in der Winternacht durch einen gewissen Gleichgewichtszustand charakterisiert, der vornehmlich in den bodennahen Schichten zum Ausdruck kommt. In Höhen von etwa 1000 Metern findet sich hier eine isotherme Schicht nahe konstanten Feuchtigkeitsgehaltes. Hier herrscht ähnlich wie in der Stratosphäre ein Strahlungsgleichgewicht.

Die Betrachtung dieser Darstellungen führt zu der Frage: Wie ändert sich der mittlere Zustand der Atmosphäre in Ab-

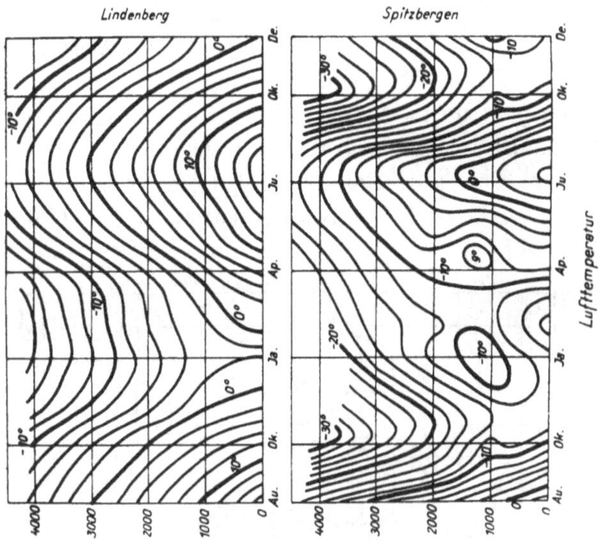

Abb. 8. Isoplethendarstellung der Temperatur

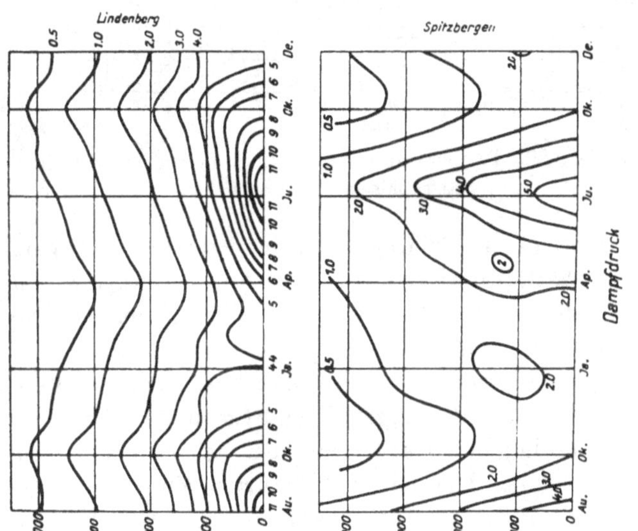

Abb. 9. Isoplethendarstellung des Dampfdruckes

hängigkeit von der geographischen Breite? Zur Beantwortung dieser Frage steht uns heute einiges Material zur Verfügung.

Ich zeige Ihnen hier ein Isoplethendiagramm, das die Nennwerte der Temperatur in Abhängigkeit von der Höhe und der geographischen Breite wiedergibt. Wir erkennen, daß die Isolinien der Temperatur in Polnähe auf tiefe Temperaturen in Bodennähe und relativ hohe Temperaturen in der Höhe hin-

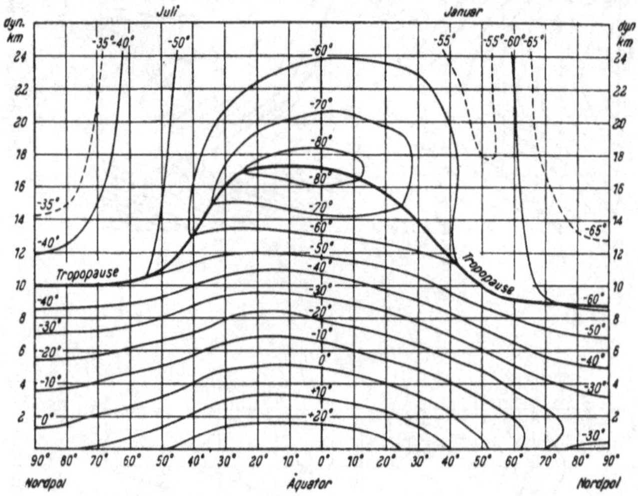

Abb. 10. Vertikale Temperaturverteilung in Abhängigkeit von der geographischen Breite

weisen, während es in den Gegenden des Äquators sich gerade umgekehrt verhält. In Höhen von 15—20 km finden wir über dem Äquator die tiefsten Temperaturen, die auf der Erde festgestellt werden können.

Diese Temperaturgegensätze muß man beachten, um die Gesetze zu verstehen, die der allgemeinen atmosphärischen Zirkulation zugrunde liegen. Kalte Luft ist bei gleichem Druck schwerer als warme. Die Dichtedifferenzen sind die Ursache der Windströmungen, die die Gesamtatmosphäre beherrschen und die so überaus wichtig sind für den Wärmeaustausch in

Abb. 11. Observatorium Ebeltofthafen (Spitzbergen)

Abb. 12. Ballonaufstieg auf Spitzbergen

den einzelnen Zonen der geographischen Breiten, durch den wiederum das Klima und der Witterungsverlauf dieser Zonen bedingt ist. Wir sind zwar über diese Vorgänge noch nicht genügend informiert, um detaillierte Angaben zu machen, doch haben wir schon einige Gesetzmäßigkeiten erkannt, in denen zum Ausdruck kommt, daß das Wettergeschehen von den allgemein tellurischen Vorgängen in der Gesamtatmosphäre nicht unabhängig erscheint.

Die Darstellung mittlerer Verhältnisse beruht auf statistischen Bearbeitungen, deren Methode den jeweiligen Problemstellungen angepaßt sein muß. Das Interessanteste ist aber die Betrachtung von Einzelfällen. Dabei darf man sich aber nicht auf Vorgänge beschränken, die über einem einzelnen Beobachtungsort festgestellt werden; man muß die Beobachtungen zahlreicher Stationen über einem größeren Erdgebiet miteinander verknüpfen, sie gleichzeitig sehen und darstellen. Wir nennen diese Methode die „synoptische". Jedem von Ihnen ist eine Wetterkarte bekannt, in der wir Isolinien des Druckes, die sogenannten Isobaren, verfolgen können. Man kann diese synoptische Luftdruckkarte durch entsprechende Karten der Temperatur und Feuchtigkeitsverteilung ergänzen, ja, man kann, wenn genügend aerologische Daten vorhanden sind, auch solche Karten für die Höhen zeichnen, sie miteinander verknüpfen und interpretieren. Die ursprünglich zweidimensionale Wetterbetrachtung ist damit zu einer dreidimensionalen geworden.

Die Hoch- und Tiefdruckgebiete der älteren Wetterkarte sind heute körperliche Gebilde geworden. Durch das Studium der Temperatur-, Feuchtigkeits- und Strömungsverhältnisse in ihnen haben sie Leben bekommen. Sie gleichen lebenden Organismen, deren Lebensäußerungen uns als Wettergeschehen interessieren. Und diese Lebensäußerungen physikalisch zu erforschen, unserer Anschauung näher zu bringen, ist das Problem, an dem wir heute mit Eifer arbeiten.

Neuerdings bezieht man diese Darstellung des atmosphärischen Zustandes nicht auf Höhenniveaus. Man wählt jetzt

Druckniveaus. Und das hat viele Vorteile für sich. Arbeitet man mit Druckniveaus, deren Nennwerte gleiche Differenzbeträge aufweisen, dann liegen zwischen solchen gleiche Luftmassen. Bestimmt man deren Mitteltemperaturen, dann erfaßt man den Wärme- oder Energieinhalt dieser Luftmassen, die neben- oder übereinander lagern; man gelangt zu einer energetischen Betrachtungsweise. Da durch Höhenwindmessungen auch die Drift dieser Luftmassen bekannt ist, so gesellt sich zu einer rein statischen Betrachtungsweise noch die dynamische.

V. Bjerknes, der Gründer des Geophysikalischen Instituts der hiesigen Universität, ein Theoretiker von Weltruf, der jüngst verstarb, hat versucht, die Formeln der mathematischen Analyse auf die Probleme der atmosphärischen Gebilde anzuwenden. Ihm und seinen Mitarbeitern ist es gelungen, auf Grund von Überlegungen solcher Art ein Modell dieser Gebilde zu schaffen, so daß die Erfahrungen theoretischer Spekulation, gepaart mit solchen der praktischen Beobachtung, uns einen Einblick in die Struktur und in die Lebensvorgänge dieser Gebilde gestatten. Ich möchte hier auf den Inhalt dieses Modells nicht näher eingehen.

Wenn bereits v. Bezold zu Anfang dieses Jahrhunderts von einer Physik der Atmosphäre sprach, so sind wir heute, obwohl die Untersuchungen noch im vollen Gange sind, um so mehr berechtigt, von einer solchen Wissenschaft zu reden. Die Problematik dieser atmosphärischen Physik liegt vornehmlich darin begründet, daß der „Aerologe“ nicht in der Lage ist zu experimentieren. Er kann nicht wie der Physiker im Laboratorium die Versuchsbedingungen variieren; er muß aus den atmosphärischen Zuständen, die durch Beobachtungen gegeben sind, durch Anwendung thermodynamischer Gesetze auf deren Änderung schließen. Es resultieren Erfahrungsgesetze, unter deren Anwendung er das Problem des Wettergeschehens, der atmosphärischen Steuerung zu meistern sucht. Mit solchen Erfahrungsgesetzen arbeitet der Prognostiker.

Ich muß wohl noch einige Worte über die höchsten Atmosphärenschichten sagen — obwohl diese allem Anschein nach wenig wetterbestimmend sind — und die Meßmethoden kurz berühren, die uns über sie Aufschluß zu geben vermögen.

Unter dem Einfluß der Sonnenstrahlung, vornehmlich der kurzwelligen, und einer Korpuskularstrahlung, die die Sonne ebenfalls aussendet, werden gewisse Schichten der Hochatmosphäre in ihrem jeweiligen Zustande teils dauernd, teils temporär verändert. Vornehmlich ihre elektrische Leitfähigkeit wird modifiziert. Die Korpuskeln, die eine elektrische Ladung tragen, werden im magnetischen Feld der Erde gebündelt, ihre Bahnen stellen den Weg eines elektrischen Stromes dar, der einerseits Erdströme induziert, andererseits das magnetische Feld der Erde sekundär beeinflußt. Die Gase der hohen Atmosphäre, soweit sie durch die herrschenden physikalischen Verhältnisse dazu befähigt sind, beginnen unter der Wirkung der elektrischen Spannungen zu leuchten, die Bahnen der Korpuskeln werden als Polarlichter sichtbar. Die Zusammenhänge zwischen solaren Vorgängen, den erdmagnetischen Störungen, den Erdströmen und den Polarlichterscheinungen werden so verständlich.

Die Polarlichtform der „homogenen Bögen", die am häufigsten dann auftritt, wenn die Erde relativ zur Ebene des Sonnenäquators mit dem Pol, an dem man das Licht beobachtet, voraus fortschreitet, liegt in einer Höhe von etwa 110 km, dort, wo erwiesenermaßen die Heavisideschicht zu suchen ist, eine Schicht erhöhter elektrischer Leitfähigkeit, durch die der Empfang von Kurzwellen gefördert wird.

Auch in größeren Atmosphärenhöhen finden sich leitende Schichten, deren Nachweis erst vor wenigen Jahren gelang. Sendet man mit einem geeigneten Funksender einen kurzen Wellenimpuls vertikal aus, so wird dieser an diesen Schichten reflektiert; er kommt als Echowelle wieder zur Erde herab und wird dort nach einer gewissen, sehr kurzen Zeitspanne wieder aufgenommen. Die Zeitspanne entspricht der doppelten Laufzeit der Welle bis zur Höhe der reflektierenden Schicht. Diese wohl auch durch die kurzwellige Strahlung der Sonne ionisierten Schichten sind in ihrer Mächtigkeit und ihrer Horizontalerstreckung im Tages- und Jahresverlauf stark veränderlich. Ihr Studium wird neuerlich eifrig betrieben, so daß man von einer Wissenschaft der „Ionosphäre“ sprechen kann.

In der „Ionosphäre“ lagern übereinander zahlreiche solcher durch ihre Leitfähigkeit ausgezeichneten Schichten. Es hat den Anschein, daß auch die Ionosphäre, ebenso wie die Stratosphäre, eine blättrige Struktur zeigt. Schichten dieser Art liegen in mittleren Höhen von 80—150, 200—300 und 500 bis 800 km. Man spricht von E- bzw. F-Schichten. Da sie als elektrisch leitende Gebilde Strombahnen für den Ausgleich elektrischer Spannungen darstellen, die unter der Wirkung der kurzwelligen Strahlung durch Ionisationsvorgänge in den atmosphärischen Gasen entstehen, und da derartige Ströme das magnetische Feld der Erde beeinflussen, so kann man die Ionosphäre als Sitz des äußeren magnetischen Feldes unserer Erde auffassen. Auf die Zusammenhänge zwischen solchen Vorgängen und dem Auftreten der Polarlichterscheinungen sowie der erdmagnetischen Störungen habe ich bereits hingewiesen.

Es mag hier nur noch etwas angedeutet werden. Man hat das Spektrum der Polarlichter untersucht. In ihm dominiert die sogenannte grüne Polarlichtlinie, die eine Wellenlänge von 5577 Ångströmeinheiten besitzt. Man hat lange über die Natur dieser Linie diskutiert, die naturgemäß einen Rückschluß auf die Art der atmosphärischen Gase zulassen muß, die im Polarlicht zum Aufleuchten gelangen. Wiechert hat mit einem lichtstarken Spektroskop schon vor Jahrzehnten nachgewiesen, daß die grüne Polarlichtlinie sich auch ohne Polarlichterscheinungen im Streulicht des Nachthimmels ständig nachweisen läßt. Zu dem gleichen Resultat kamen wir mit dem gleichen Gerät in Spitzbergen. Diese Tatsache deutet auf ein ständiges Vorhandensein solcher Erscheinungen hin. Die übrigen Linien des Polarlichtspektrums, soweit solche auftreten, sind überaus lichtschwach. Es hat sich nun herausgestellt, daß alle diese Linien nur dem Stickstoff und Sauerstoff zugeordnet werden können. Wir müssen also annehmen, daß unsere Atmosphäre selbst bis in die größten Höhen diese Gase — wenn auch in einem eigentümlichen Molekularaufbau — enthält, daß also die Rechnungen, die wir mit der barometrischen Höhenformel durchführten, um die Zusammensetzung der Atmosphäre dort oben zu erschließen, in ihren Grundannahmen nicht stimmen. Es muß bis in große Höhen eine Durchmischung der Atmosphäre stattfinden; man kann also von einem Diffusionsgleichgewicht in der Atmosphäre nicht sprechen. Das Polarlichtspektrum enthält auch keine Andeutung von Linien des Wasserstoffes, eines Gases, das nach der Rechnung ja den Hauptbestandteil der oberen Atmosphäre bilden sollte.

In der allerneuesten Zeit versucht man nun auch, mit Meßgeräten direkt in diese hohen Atmosphärenschichten einzudringen. Die V 2-Raketen sind in der Lage, Meßapparaturen in beliebigen Höhen ihrer Bahn abzuwerfen. Man kann hier Meteorographen wählen, die uns z. B. Angaben über die Temperatur dieser Schichten liefern können. Diese Angaben werden auf dem Funkwege, wie bei den Radiosonden, automatisch von den Geräten gemeldet. Vornehmlich in Amerika werden solche Versuche durchgeführt.

Man muß sich darüber klar werden, welchen Inhalt derartige „Temperaturangaben" besitzen. In den unteren, dichteren Luftschichten sind wir bestrebt, den Wärmeübergang zwischen dem Meßkörper und dem ihn umgebenden Medium, also der Luft, so zu gestalten, daß ein Wärmegleichgewicht zwischen diesem und der Luft zustande kommt. Wir messen wahre Lufttemperaturen. Wir hatten gesehen, daß dies schon in Stratosphärenhöhen wegen der erhöhten Strahlungswirkung der Sonne Schwierigkeiten bereitet, so daß die dort gewonnenen Temperaturwerte bereits „verstrahlt" erscheinen und im Mittel um einige Grade zu hoch liegen. In den höchsten Atmosphärenschichten tritt der Wärmeaustausch zwischen Meßkörper und Luft immer mehr in den Hintergrund; es dominiert die Strahlungswirkung, und das Thermometer wird mehr ein Meßgerät für die Strahlungsenergie, der es ausgesetzt ist.

Diese Temperaturen sind also nicht den Luftmassen in diesen Höhen eigen, sie werden nur von den Meßgeräten angezeigt, die der dort herrschenden Strahlungswirkung ausgesetzt sind. Die Schicht von etwa 10—35 km Höhe zeigt die bekannte Stratosphärentemperatur von etwa — 60 Grad; in rund 50 km Höhe wird dagegen eine positive Temperatur von + 50 Grad gemeldet (Strahlungsabsorption durch die Ozonschicht), während in etwa 80 km Höhe das Thermometer wieder nur Temperaturen von 70 Grad unter dem Gefrierpunkt anzeigt. Darüber nimmt die Temperatur stark zu. In 130 km Höhe ist die Strahlungswirkung so intensiv, daß dort Temperaturen von über 100 Grad Celsius aufgezeichnet werden, die mit zunehmender Höhe noch weiter ansteigen.

Über einer isothermen Stratosphäre lagert also eine warme Schicht, darüber nimmt bis 80 km Höhe die Temperatur wieder um etwa 100 Grad ab und steigt dann erneut enorm an. Alle diese Angaben, die sich voraussichtlich wettermäßig in den unteren Schichten der Atmosphäre wohl nur wenig auswirken, sind aber von großer Bedeutung für die Betrachtung des Energiehaushaltes der Gesamtatmosphäre, eine Tatsache, über die sich Fritz Möller vor etwa Jahresfrist in seiner Antrittsvorlesung an der Universität Mainz des weiteren ausließ.

Das Studium der Atmosphäre, ein Forschungsgebiet, das jetzt ein Jahrhundert alt ist, hat merkwürdigerweise erst vor wenigen Jahren gezeigt, daß die Erforschung der bodennahen Schichten unserer Atmosphäre, in denen wir uns ständig bewegen und die somit unseren eigensten Lebensraum darstellen, wohl allzusehr in den Hintergrund getreten ist. Heute erscheint sie uns als eine der wichtigsten Aufgaben, die wir in der Praxis zu lösen haben.

Abgesehen von der Tatsache, daß die am Boden einfallende Strahlungsenergie der Sonne dort umgesetzt und der Atmosphäre durch Vermittlung dieser bodennahen Schichten mitgeteilt wird, ist das Klima der bodennahen Schichten das Klima, das uns am meisten angeht, das Pflanzen und Tiere in ihrem

Lebensvorgang und ihrer Lebenshaltung vornehmlich beeinflußt. Die physiologischen Reaktionen, die ein Organismus unter der Klimawirkung auszulösen hat, stehen unter dem Einfluß des Bodenklimas. Wir erleben die täglichen und jährlichen Veränderungen dieses Klimas und erleben die Veränderungen, die dieses Klima aperiodisch durch das Wettergeschehen erfährt.

Wir erforschen heute das Klima unseres Wohnraumes, unserer Städte und Landschaften, der Ebene und des Hochgebirges im Hinblick auf unsere eigene Lebensgestaltung. Wir unterhalten bioklimatische Forschungsstellen und haben den Nutzen erkannt, den Untersuchungen solcher Institute für das Gestalten des Wohlbefindens von Werktätigen und Kranken bieten können. Wir haben agrarmeteorologische und forstmeteorologische Forschungsstellen, deren Tätigkeit von überaus großer wirtschaftlicher Bedeutung ist, sollen doch die Resultate ihrer Forschung dazu dienen, die Erträge unserer Äcker und Wälder zu heben und zu verbessern. Die Bonitierung unserer Äcker, früher nach rein bodenkundlichen Grundsätzen durchgeführt, wird heute auch nach ihren bodenklimatischen Verhältnissen bestätigt. Ein großes phänologisches Beobachtungsnetz ist entstanden, das aus Beobachtungen des Pflanzenwachstums und der Pflanzenentwicklung die Klimatologie der bodennahen Luftschichten greifbar vor Augen führt. Nicht zuletzt zieht der behandelnde Arzt und der Balneologe Nutzen aus diesen bodenklimatologischen Untersuchungen.

Wenn man noch vor wenigen Jahrzehnten vielleicht mit einem gewissen humorvollen Lächeln behauptete, die Erforschung der Atmosphäre beginne erst oberhalb einer Höhe von etwa 30 m, darunter sei alles gestört und uninteressant — man sprach von einer Physik der *freien* Atmosphäre —, so wissen wir heute, daß gerade dies Uninteressante das Wichtigste geworden ist, erkannten wir doch, daß alle Vorgänge in den bodennahen Schichten in ganz enger Wechselbeziehung stehen zu den Vorgängen in den oberen Schichten und umgekehrt.

Unser Forschungsgebiet hat sich gewaltig in seinem Umfange vergrößert, die Fragestellungen sind vielseitiger geworden, die Grenzgebiete sind einander näher gerückt. Wo man auch die Wissenschaft von der Atmosphäre packen mag, da ist sie interessant. Überall zeigen sich Zusammenhänge und neue Probleme, deren Beantwortung nicht nur reizvoll, sondern auch für die Praxis überaus wichtig erscheint.

BERICHTE ÜBER DIE VERHANDLUNGEN DER SÄCHSISCHEN AKADEMIE DER WISSENSCHAFTEN ZU LEIPZIG

MATHEMATISCH-NATURWISSENSCHAFTLICHE KLASSE

Band 97

Heft 1 Prof. Dr. ERICH STRACK / Beobachtungen über den endogenen Anteil des Kot-Stickstoffs
24 Seiten — 1949 — vergriffen

Heft 2 Prof. Dr. ERNST HÖLDER / Über die Variationsprinzipe der Mechanik der Kontinua
13 Seiten — 1950 — vergriffen

Heft 3 Dr. H. GERSTNER / Dr. H. BAARK / Dr. H. GRAUL / Der Wechselstromwiderstand der Froschhaut
25 Seiten — 1950 — DM 2,75

Heft 4 Dr. HERBERT BECKERT / Existenz- und Eindeutigkeitsbeweise für das Differenzenverfahren zur Lösung des Anfangswertproblems, des gemischten Anfangs-Randwert- und des charakteristischen Problems einer hyperbolischen Differentialgleichung zweiter Ordnung mit zwei unabhängigen Variablen
42 Seiten — 1950 — DM 9,—

Heft 5 Dr. HERBERT BECKERT / Über quasilineare hyperbolische Systeme partieller Differentialgleichungen erster Ordnung mit zwei unabhängigen Variablen. Das Anfangswertproblem, die gemischte Anfangs-Randwertaufgabe, das charakteristische Problem
68 Seiten — 1950 — vergriffen

Heft 6 Prof. Dr. ENNO HEIDEBROEK / Das Verhalten von zähen Flüssigkeiten, insbesondere Schmierflüssigkeiten, in engen Spalten
40 Seiten — 24 Abbildungen — 1952 — DM 5,80 (Nachdruck)

Heft 7 Prof. Dr. HANS SCHUBERT / Über eine lineare Integrodifferentialgleichung mit Zusatzkern
52 Seiten — 1950 — DM 9,25

Heft 8 HELMAR KRUPP / Bestimmung der allgemeinen Lösung der Schrödinger Gleichung für Coulomb-Potential
28 Seiten — 1950 — DM 5,50

Band 98

Heft 1 Prof. Dr. WALTER SCHNEE / Über magische Quadrate und lineare Gitterpunktprobleme
48 Seiten — 1951 — vergriffen

Heft 2 Prof. Dr. ENNO HEIDEBROEK / Über die Beziehungen zwischen Schmierung und Verschleiß bei geschmierter Gleitreibung
36 Seiten — 5 Abbildungen — 1952 — DM 2,75 (Nachdruck)

Heft 3 Prof. KARL KEGEL / Der Salzstock Mirowo bei Provadia in Bulgarien
26 Seiten — 9 Abbildungen — 1951 — DM 3,—

Heft 4 Dr. HERBERT BECKERT / Bemerkungen über die Verbiegung hyperbolisch gekrümmter Flächenstücke
Dr. HANS SALIÉ / Über Abels Verallgemeinerung der binomischen Formel
22 Seiten — 2 Abbildungen — 1951 — DM 2,25
(Beide Arbeiten in einem Heft)

Heft 5 Prof. Dr. ERICH STRACK / Die Dauerinfusion als Verfahren zur Erforschung des Kohlenhydratstoffwechsels des Tierkörpers
20 Seiten — 1952 — DM 2,—

FSC
www.fsc.org
MIX
Papier | Fördert gute Waldnutzung
FSC® C083411

Zeitfracht Medien GmbH
Ferdinand-Jühlke-Straße 7
99095 Erfurt, Deutschland
produktsicherheit@kolibri360.de